1. INTRODUCCION

La inocuidad, es un elemento fundamental para la salud pública y un factor determinante del comercio de alimentos.

La inocuidad es la garantía de que los alimentos no causarán daño al consumidor cuando se preparen y/o consuman de acuerdo con el uso a que se destinan. FAO/ OMS.

Por estas precisiones es que tanto las fincas, como las empresas donde se manejar, procesan y almacenan alimentos, deben cumplir con los requisitos mínimos establecidos, en la legislación vigente.

Estas fincas e instalaciones deben tener un programa para la prevención y control de las enfermedades, patógenos y Plagas presentes en la región donde se ubican dichas explotaciones. Así como también estas explotaciones deben contar con programas bien evaluados de prevención o bioseguridad, que permitan la vigilancia y control periódico de los procesos y manejo de estas empresas.

Se debe establecer un programa de manejo y disposición adecuada del agua potable, forrajes de buena calidad, libre de pesticidas, contar con utensilios, instalaciones adecuadas e higiene general de la planta.

Se debe implementar en todas estas explotaciones programas de buenas prácticas de manejo y uso seguro de los medicamentos y productos veterinarios (BPMV) y buenas prácticas de alimentación animal (BPAA).

Control del estado sanitario de los animales y del personal, así como establecer programas de entrenamiento y capacitación del personal. Garantizar un ambiente sano y adecuado a cada instalación y a las personas y los animales, de cada explotación.

Se deben establecer los programas de limpieza y desinfección de equipos, utensilios, recipientes, sala de ordeño, centros de acopios, empacadoras, y tanque para la recesión de la leche, así como también programas de control de plagas.

Todas estas actividades y procesos deben estar debidamente registrados y documentado, para dar fe y tener evidencias de cada proceso.

2. LA CONTAMINACION CRUZADA, DETERIORO E INOCUIDAD DE LOS ALIMENTOS

El manipulador de alimentos es un punto clave en la cadena de producción y comercialización de los alimentos. Es responsable de mantener la calidad e inocuidad de los alimentos, para garantizar la salud de los consumidores.

Desde la producción los alimentos, deben cumplir con los requisitos básicos de higiene y sanitización, para poder lograr que estos sean inocuos, o que mantenga el mínimo riesgo y evitar que puedan enfermar e incluso matar a las personas. En el caso de los productos agropecuarios los productores y ganaderos, deben manejar y alimentar bien tanto las plantas como los animales de abastos, supliéndoles los insumos y alimentos, recomendados por los entes oficiales, y establecidos en las normas y leyes vigentes.

Las frutas, hortalizas y vegetales frescos son una importante causa de intoxicaciones alimentarias debido a los agentes patógenos y químicos que pueden estar presentes en ellos. Por eso, conviene en el caso de los vegetales, su adecuado manejo, lavado, desinfección y almacenamiento. Existen múltiples enfermedades de transmisión alimentaria (ETAs/Zoonosis). Pueden ser provocadas por la presencia de bacterias, virus, parásitos, productos químicos y toxinas.

La contaminación cruzada es la transmisión de microorganismos de un alimento contaminado, en la mayoría de los casos crudo, a otro que no lo estaba y que ya está cocinado o preparado para ser consumido. Esta contaminación, una de las causas más frecuentes de toxiinfecciones alimentarias en las cocinas, se puede producir de dos formas distintas: por contacto directo entre los dos alimentos, o de manera indirecta, es decir, a través de las manos del manipulador o mediante material de cocina, como utensilios, trapos o superficies.

La limpieza debe remover los residuos de alimentos y suciedades que puedan ser fuente de contaminación. Los métodos de limpieza y los materiales adecuados dependen de la naturaleza del alimento. Puede necesitarse una desinfección después de la limpieza.

Para un adecuado almacenamiento de los alimentos en la nevera o refrigerador para mantener su vida útil, estos deben ser clasificados, colocados por tipo o rubros y ser lavado, desinfectados y secados adecuadamente. Las neveras vienen con espacios específicos para los distintos productos, de acuerdo a su temperatura ideal de almacenamiento en la misma. Las carnes deben se congeladas, las frutas y vegetales ya lavados y desinfectas, con la mínima humedad colocados en fundas o recipientes que eviten su pudrición, se colocan en las gavetas o parte más bajas. Los lácteos, como quesos, nunca se deben congelar, sus temperaturas ideales de conservación rondan los 8 a 12 grados, deben estar separados de las carnes, pescados, frutas, vegetales u hortalizas, los frescos deben consumirse antes de los 20 días desde el día de su elaboración. Verificar siempre las fechas de vencimiento de los alimentos. Las carnes frescas sin congelar al igual que los pescados o mariscos, consumirse lo antes posibles.

Determinadas bacterias, incluidas algunas patógenas, pueden adaptarse a condiciones adversas cuando forman una película biológica, las mismas no son efectivamente re-movidas con los procedimientos normales de limpieza con agua y jabón neutro. Llegan a ser mil (1000) veces más resistentes a los desinfectantes comunes comparadas con las que se encuentran en estado libre. Debe seguirse una rutina de limpieza sistemática para su remoción.

Los pesticidas, fertilizantes, medicamentos y productos veterinarios que se usen para la producción agropecuaria, deben ser recomendados por los técnicos oficiales; usarlos, manejar y almacenarlos según lo recomiendan los fabricantes. El uso de los detergentes y desinfectantes, es obligatorio para la sanitización de los alimentos, que deben ser así, tratados (frutas, hortalizas y vegetales frescos); los detergentes que se usen deben ser de grado alimenticio. El desinfectante más recomendado es cloro, se puede usar en sus diferentes concentraciones. Conviene usar hipoclorito de sodio (cloro líquido comercial) en concentraciones de 5.25%1, 7.5%, 12.75% y 15%, a aplicar al agua potable de lavado. (Es el agua de lavado que se desinfecta no el alimento); la dosis debe ser la correcta para que el Cloro (Cl) residual, que es la fracción de cloro añadido que conserva sus propiedades desinfectantes y pueda actuar sobre los agentes patógenos. Demanda de cloro: diferencia entre el cloro añadido y el cloro disponible residual. El pH del agua de lavado debe estar entre 6 - 7.8 para que el Cloro permanezca activo, el tiempo suficiente y pueda reducir o eliminar los posibles patógenos presentes en el agua de lavado. Desde hace muchos años el cloro, (CL_2), el hipoclorito de sodio, ($NaClO$) y el dióxido de cloro, (ClO_2) son las sustancias que se usan para la cloración. Este método es el único que garantiza que el agua potable llegue hasta los grifos de las casas en perfectas condiciones. La cloración impide además que proliferen las algas y los hongos en el interior de los tubos de suministro y en los depósitos de almacenamiento. El uso de otras técnicas como desinfección con ozono o con radiación ultravioleta, aunque son también eficaces, tienen el inconveniente de ser de acción temporal. Para la desinfección de frutas y hortalizas se emplean normalmente dosis de 50-200 mg/l, con un tiempo de contacto de 1-2 minutos (OMS, 1998a). La concentración máxima autorizada de hipoclorito para el lavado de frutas y hortalizas en el comercio es de 2000 mg/l (Beuchat et al., 1998).

Debe siempre aplicarse la dosis apropiada según el tipo de rubro a tratar, ver cuadro con las dosis:

Cultivos	**Concentración de Cloro
Frutas tropicales (mango, aguacate, castaños)	50-150 ppm*
Melón, melón verde dulce	100-150 ppm
Lechuga, repollo, hojas verdes	50-100ppm
Tomates, papas, pimientos, berenjenas	50-150 ppm
Raíces y tubérculos	150-200 ppm

Dosis de cloro según concentración

Meta ppm	ml/L	*cdita/ 5 gal	taza/ 50 gal
Hipoclorito de Sodio 5.25%			
50	0.95	3 2/3	3/4
75	1.43	5 1/2	1 1/10
100	1.90	7 1/4	1 ½
125	2.40	9 1/10	1 7/8
150	2.90	10 7/8	2 ¼
Hipoclorito de Sodio 12.75%			
50	0.39	1 1/2	1/3
75	0.59	2 1/4	1/2
100	0.78	3	3/5
125	0.98	3 3/4	4/5
150	1.18	4 1/2	9/10

Fuente: FDA.2002

3. Fórmula para determinar dosis de cloro.

$$Cantidad\ de\ cloro = \frac{parte\ por\ millon}{Concentracion\ de\ cloro}$$

La cantidad de cloro para el total del volumen del recipiente se calcula con la regla de tres.

La temperatura de los envases de cloro debe permanecer siempre por debajo de 50°C. Se prefiere que el agua este entre 20 o menos °C, para la aplicación del cloro.

Otra fórmula recomendada es

$$Cantidad\ de\ cloro = \frac{V*D}{C*10}$$

V= volumen de agua en litros que contiene el recipiente.
D= dosis deseada de cloro en ml/mg por litros de agua
C= Concentración de cloro utilizada (cloro comercial)
10= factor fijo de la formula.

Ejemplo:

$$Cantidad\ de\ cloro = \frac{55*2/100}{70/100*10} = 1,57\ kg$$

Almacene todo producto químico, en lugares ventilados y alejado de niños, o personas alérgicas o especiales.

A pesar de los cálculos del volumen correcto del cloro, conviene realizar la medición del mismo, durante los recambios de agua y su uso durante el lavado de las frutas, hortalizas y vegetales.

En cuanto a los niveles de cloro libre o residual que se mantenga entre 0.5 y 1 mg/litro de agua, para evitar sabores desagradables en la misma.

Para la desinfección adecuada del agua, conviene dejar que el cloro actué, durante 30 minutos, con este tiempo aseguramos la eliminación de los patógenos o desinfección completa del agua.

La dosis recomendada para la desinfección del agua oscila entre 1 y 5 mg/ litros de agua, cuando se utiliza. Oficialmente se recomiendan 2 mg/litros de agua, para la población general, aunque la ingesta diaria permitida puede oscilar alrededor de 1,7 a 5 g/día en la ración alimentaria total. (Alimentos, agua y sales).

La exposición humana al cloroformo se debe sobre todo a los alimentos, el agua potable y el aire en locales cerrados, en cantidades aproximadamente equivalentes (OMS, 1994). La media de la ingestión total estimada es aproximadamente de 2 µg/kg de pc/día.

La EPA ha establecido un nivel de contaminante máximo (MCL) y un nivel residual de desinfección máximo (MRDL) de 0.4 mg/L para cloro libre en el agua potable.

Las mujeres lactantes y embarazadas necesitan cantidades mayores. Los adultos mayores precisan cantidades más bajas. Los bebés hasta 12 meses se aconsejan de 0,18 g/día a 1,9g/día, en hombres y mujeres hasta los 50 años 2,3 g/día, desde los 51 años hasta los 70 una dosis de 2,0 g/día y de los 71 años en adelante 18g/día.

En cuanto a las carnes no deben ser lavadas, esto puede aumentar los riesgos de contaminación. Los animales deben ser sacrificados, en plena salud, y durante su sacrificio, las carnes no deben entrar en contacto con ninguna sustancia, estiércol, detergentes, desinfectantes, etc., ni presentar adulteraciones, olores o colores anormales, o diferentes a la especie. Mientras menos pasos, procesos, o movimientos, más inocuo es el alimento. Las carnes se deben cocinar adecuadamente, de manera homogénea en todo el corte, hasta alcanzar una temperatura de 75°C, en el centro de la carne para asegurar que se alcanzó la cocción apropiada. No es correcto dejar cocinar las carnes más allá de esta temperatura o quemarla, para evitar que ocurra proteólisis (destrucción de las proteínas contenidas en la carne).

Los principales agentes patógenos presentes en los productos pesqueros crudos son: *Vibrio* spp., *Hepatitis A, Listeria monocytogenes* y *Campylobacter*

Mejorarían mucho las condiciones higiénicas de los pesqueros que manipulan o elaboran mucho pescado si inyectaran cloro en los conductos de agua. La proporción de cloro será de cerca 10 ppm en el uso normal y de 100 ppm de concentración residual durante la limpieza. Codex A. 2003

Algunas autoridades nacionales han adoptado este valor del Codex y reconocen que hasta un nivel máximo de 10 mg/l de cloro activo en el agua y el hielo que se utilizan en la elaboración del pescado y que entran en contacto con los alimentos de origen marino se trata de un nivel generalmente reconocido como inocuo (GRAS). El empleo del cloro dentro de este límite de concentración se basa en antecedentes de utilización sin riesgos y de prácticas industriales aceptadas en un período de muchos años. Durante la preparación de este examen no se encontraron datos ni pruebas que indicaran la existencia de problemas de salud pública asociados a esta práctica. Las concentraciones comunicadas sobre la utilización del producto que entra en contacto con los alimentos en algunos casos son muchos mayores que las que se utilizan en el sector de la elaboración del pescado.

Mientras que en los huevos crudos: Salmonella spp. La salmonella, es una bacteria ubicua, es decir sobrevive a diferentes temperaturas. Puede pasar de la gallina al huevo, y contaminarse durante la postura del excremento de la gallina, por lo que debe ser lavado y desinfectado, al momento de su manejo en las cocinas, y para su almacenamiento en las neveras. Esta salmonella, puede sobrevivir en excretas de bovinos y otros animales por más de 1000 días. Es Psicrotrofas, puede soportar temperatura por debajo de 15°C, y luego reactivarse. También produce polímeros, llamados biofiles o biopeliculas, que utilizan como protección para mantenerse en diferentes tipos de materiales y superficies, hasta dentro de nuestros estómagos.

Si se decide el lavado y desinfección de los huevos no deberían ser sumergidos antes o durante el lavado. El agua utilizada para el lavado debería ser idónea y no debería perjudicar a la inocuidad e idoneidad del huevo, teniendo cuidado de que la temperatura, el pH y la calidad del agua, así como la temperatura del huevo sean adecuados. Si se utilizan productos de limpieza tales como detergentes e higienizadores, deberían ser idóneos para su uso en huevos y no perjudicar a la inocuidad del huevo. Si se lavan los huevos, se deberían secar para reducir al mínimo la humedad en la superficie de la cáscara, ya que puede dar lugar a la contaminación o la formación de moho. Al lavado debería seguir un saneamiento eficaz de la cáscara y, cuando corresponda, el aceitado ulterior de la misma utilizando un aceite comestible adecuado.

Una de las bacterias más importante en cuanto a su patogenicidad que pueden estar presentes las carnes de res cruda es: *E. coli O157H7*. En la carne de cerdo cruda: *Salmonella*. Mientras que en la carne de pollo cruda: *Salmonella y Campylobacter*.

Se han realizado estudios que han demostrado los efectos benéficos de la adición de cloro al agua que se utiliza para la refrigeración de las aves (25-30 mg/l en el agua de refrigeración y 4-9 mg/l de cloro residual en el agua excedente) como medio para reducir en las aves limpias la contaminación cruzada con Salmonella (James et al., 1992). Además, la cloración del agua de refrigeración de las aves ha demostrado ser particularmente eficaz para reducir al mínimo los niveles de *Salmonella typhimurium*, *Camplyobacter jejunei* y de otras bacterias patógenas (NRC, 1988). Sobre la base de éstos y de otros datos, en los Estados Unidos de América se autoriza una dosis de 30 mg/l para el contacto directo con las aves limpias. Codex A. 2003

Temperaturas adecuadas de conservación. Las bacterias sobreviven en los alimentos que no se mantienen a temperaturas adecuadas: Se deben conservar en refrigeración a menos de 5 °C; y los alimentos que se van a consumir se deben mantener caliente por encima de 65 °C, para evitar desarrollo o multiplicación de los microorganismos patógenos.

El crecimiento de los agentes patógenos se favorece con el grado de humedad de los alimentos, expresada como actividad de agua (aw). A más humedad, más rápido y mayor crecimiento bacteriano.

Los alimentos que por su naturaleza que más favorecen el crecimiento bacteriano son: Carnes, Leche, Huevos, Frutas y Hortalizas. Para contrarrestar esto existe el principio de obstáculo, que consiste en disminuir la humedad de un alimento, este se conserva más tiempo: Por ejemplo, al secar, salarlo, adicionar azúcar, deshidratar, evaporar, concentrar, ahumar, irradiar, etc.

Los alimentos asociados a las ETAs son: Carne y pollos semicocinados: *Salmonella, Campylobacter, E. coli O157H7, C. perfringens, Yersinia*. Productos ahumados, Lácteos, Embutidos, Roastbeef, Productos Gourmet, Ensaladas vegetales: *Listeria monocytogenes, E. coli O157H7, Clostridium perfringens*. Leche Cruda y jugos no pasteurizados: *Salmonella, Campylobacter, Yersinia*. Lácteos no pasteurizados (Quesos), Helados, Yogurt: *Listeria, Salmonella, E. coli O157H7 y Campylobacter*.

La transmisión de brotes de origen alimentario causados por virus ha aumentado más del 40% en 2009 respecto a 2007 y 2008. Este aumento podría explicarse, según los responsables del informe, por la inclusión de brotes detectados en el ámbito doméstico. A diferencia de años anteriores, cuando los crustáceos, mariscos y moluscos fueron los más relacionados con la presencia de norovirus, en 2009 se han asociado los brotes al consumo de comidas de bufé, frutas o zumos de frutas, así como verduras.

4. La Bioseguridad como herramienta para controlar los patógenos y evitar la contaminación cruzada

Bioseguridad está referido a todos aquellos procedimientos Biosanitarios que disminuyan la probabilidad del ingreso de microorganismos, o agentes patógenos, a centros productivos. PARA: evitar contaminar insumos, superficies, ambientes, etc., producir una enfermedad o establecerse en algún reservorio o huésped.

Las normas de bioseguridad son un conjunto de prácticas de sentido común, realizadas rutinariamente por un personal consiente y bien capacitado, destinadas a a proteger la salud y seguridad de los animales y personal que laboran frente a riesgos procedentes de agentes biológicos, físicos o químicos.

El control y la prevención de las enfermedades animales resultan fundamentales para: Evitar las pérdidas que su existencia provoca, por merma en sus producciones y por las posibles implicaciones en el comercio exterior. Evitar la aparición de enfermedades y mejorar las condiciones de bienestar animal. Proporcionar alimentos seguros a los consumidores, ya que algunas de ellas son zoonosis.

Los agentes biológicos se definen como «microorganismos, con inclusión de los genéticamente modificados, cultivos celulares y endoparásitos humanos, susceptibles de originar cualquier tipo de infección, alergia o toxicidad».

Microorganismo toda entidad microbiológica celular o no, capaz de reproducirse o de transferir material genético para lograrlo. Es un ser vivo, o un sistema biológico, que solo puede visualizarse con el microscopio.

Dentro de estos agentes patógenos o microorganismos Se consideran 4 tipos básicos: Bacterias, Hongos, Virus, Parásitos (protozoos, helmintos, etc.)

La supervivencia de estos microorganismos en el medio ambiente, juega un papel fundamental en la transmisión de la enfermedad. Sin una adecuada limpieza y desinfección de las instalaciones entre diferentes lotes de producción, los microorganismos perpetúan el ciclo de infección, desafiando y contagiando a los nuevos animales que pudieran ser susceptibles a los mismos. Las instalaciones donde se críen animales, así como los equipos y utensilios empleados (barreras, bebederos, almacenes, corrales, comederos, entre otros,) los que deben ser limpiados y desinfectados convenientemente cada vez que se saquen todos los animales y antes de ser utilizados de nuevo. Se debe tener previsto en las naves un periodo mínimo sin ocupar para permitir la correcta actuación de los desinfectantes (vacío sanitario).

Algunos causan enfermedades (patógenos), la mayoría de microbios NO. Se ha establecido que un 1 gramo de suelo puede contener hasta 10 millones bacterias Hay más bacterias en nuestra nariz que personas en el mundo Las formas más antiguas vivas sobre el planeta tierra son las bacterias con más de 3,8 billones de años Las bacterias constituyen la mayor parte de la biomasa de la tierra, pero sólo 1% han sido cultivadas, la mayoría reciclan nutrientes

Los procedimientos deben controlar el movimiento de personas, alimento, equipos y animales en la granja para prevenir la introducción y diseminación de enfermedades. Es posible que deban modificarse los procedimientos rutinarios cuando se presente un cambio en términos de enfermedades.

La labor de la Bioseguridad es eminentemente PREVENTIVA e implica el uso de agentes físicos, biológicos (Vacunas) y químicos (Desinfectantes) En términos económicos, la prevención es más barata que el tratamiento, permitiendo una mejor expresión del potencial de crecimiento de la especie involucrada.

La Seguridad Biológica se fundamenta en tres elementos:

- Las técnicas de laboratorio,
- El equipo de seguridad (o barreras primarias)
- El diseño de la instalación (o barreras secundarias)

El elemento más importante para contener los riesgos biológicos es el seguimiento estricto de las prácticas y técnicas estándar microbiológicas.

Bioseguridad: Rubros o áreas: en la que es vital implementar la bioseguridad dentro de la pecuaria, bovinos, porcinos, ganado de carne y leche, porcicultura, ovino, caprinos, conejos, acuícolas y es vital en la avicultura. Plantas procesadoras de alimentos de alto riesgo, etc.

También se encuentran industrias frenadoras o mataderos, agroindustrias y empacadoras, acopio de productos, salas de extracción de miel, entre otras.

La bioseguridad cuenta con varias formas para su aplicación entre ellos está el Programa de bioseguridad terminar (PBT) Un PBT implica a todos aquellos procedimientos Biosanitarios que se realizan en las instalaciones, superficies, equipos, sistemas o materiales, una vez que los animales terminan su ciclo productivo.

Este integra las reparaciones de estanques, tuberías, sistemas de alimentación, motores, calderas, vías de acceso, de ventilación, cercos, techos, transportes, embarcaciones, etc. lavado de superficies, maquinarias, equipos, materiales, vehículos, accesos, sistemas de ventilación, ductos, etc. desinfección de todo lo anterior y programa de control de roedores, insectos, etc.

otro programa es el de bioseguridad continuo, pbc implica a todos aquellos procedimientos biosanitarios, que se realizan en las unidades productivas, durante la fase misma de producción.

Este integra los siguientes: control de accesos (portería y perímetro), cambio de ropas, lavado y desinfección de vehículos que ingresan (rodiluvios y pediluvios), lavado y desinfección de equipos, materiales, implementos, etc., separación de áreas sucias y limpias. asi como también: tránsito interno (personal y vehículos), ordenamiento interno, lavado y desinfección de manos, indumentaria de trabajo adecuada, desinfección de áreas comunes (patios/alrededores), segregación de animales sospechosos, vacunaciones, control de roedores e insectos, etc.

Las principales fuentes y vías de entrada de patógenos: agua, aire, vehículos, carretas, personas, implementos, alimentos, roedores, insectos, materiales, equipos, animales, embarcaciones, peces silvestres, huevos, etc

El propósito de la contención es reducir al mínimo la exposición de los animales y del personal y el entorno a agentes potencialmente peligrosos.

El primer paso es conocer las características de nuestra materia orgánica o suciedad, como debemos manejarla, como disponer de ella, y cuales procedimientos garantizan los objetivados propuestos en el programa de bioseguridad que establecimos.

En una primera fase se eliminará en lo posible la materia orgánica (estiércol, camas). Si es preciso se emplearán utillajes para rascar paredes, pisos, bebederos, comederos, etc. Retirar o disponer el lugar destinado para ello en la finca, granja o local estos residuos hasta su definitiva eliminación o reutilización (abono, relleno, etc.)

Siempre que sea posible se debe limpiar con agua a presión (130 bares) y a temperatura de 38-46ºC para arrastrar los restos de materia orgánica. A continuación, efectuar un lavado a baja presión con agua bien caliente (49-77ºC) y detergente alcalino, con objeto de emulsionar todas las partículas presentes. Es muy importante retirar toda la materia orgánica para conseguir la mejor actuación del desinfectante, ya que solo así, se garantiza la efectividad del desinfectante. Enjugar con agua limpia a presión para eliminar toda la suciedad y los restos de detergente. Respecto al agua es recomendable conocer qué tipo de agua tenemos (su dureza) porque muchos productos tanto detergentes como desinfectantes se inactivan con aguas duras (agua con mucha cal), otro punto vital, y que jamás se puede hacer es mezclar detergentes y desinfectantes, pues esta mezcla produce una reacción exergonica, produce calor, y se puede producir al agitarlos una explosión, además de que estos se inactivan, y se pierden sus eficacias.

Características del detergente:

- El detergente debe estar diseñado para su uso ganadero.
- Hay que tener cuidado que no sea corrosivo al menos los empleados para tratar las zonas metálicas o plásticas.
- Debe tener una buena actividad desengrasante ya que la grasa protege a los microorganismos del efecto de los desinfectantes.
- Debe ser seguro para animales y personas, y no agresivo para el medio.
- Se debe utilizar siguiendo las recomendaciones del fabricante (dosis, precauciones,)

De manera particular recomendamos el uso de los detergentes del grupo anicónicos por sus características favorables para la industria de alimentos, granjas, fincas, empacadoras y centros de acopio y almacenes.

- Los detergentes alcalinos son los más adecuados a la hora de emulsionar y retirar materia orgánica como grasa, sangre, restos de heces, etc.
- Los neutros son aquellos que se suelen emplear en la higiene personal, como los jabones de manos, champús, etc.
- Los ácidos están más indicados para eliminar los restos de cal u óxido.

Es por ello que los más recomendables, dado el tipo de suciedad presente en las explotaciones, son los de tipo alcalino (pH>8) por tener mayor capacidad de arrastre. Lo cual no excluye que, en caso de querer retirar incrustaciones de cal o similares, se empleen también detergentes ácidos en determinadas ocasiones y sobre superficies y materiales concretos.

Los tensioactivos son altamente valorados por su poder limpiador. Por eso se incluyen habitualmente en la composición de detergentes, geles de ducha, champús o lavavajillas. Pero, ¿de dónde viene la capacidad limpiadora de los tensioactivos? Esta se debe a su carácter anfifílico, lo que significa que una sustancia tensioactiva presenta en una misma molécula grupos polares (hidrófilos) y grupos apolares (hidrófobos). La diferencia entre los dos extremos de la molécula provoca que los tensioactivos puedan romper la tensión superficial entre dos fases, como puede ser entre un líquido y un sólido o entre dos líquidos insolubles entre sí. Como consecuencia, los tensioactivos tienen un alto poder detergente y espumógeno, además de capacidad emulgente y actividad mojante.

Todo programa de bioseguridad debe ser:

- Practico
- Obligatorio
- Eficiente en términos de costo
- Parte de los programas de capacitación del personal
- Revisado regularmente
- Compromiso de toda la compañía y el personal
- Financiado con los recursos necesarios

En el siguiente recuadro se puede apreciar las diferentes resistencias de los virus y las bacterias frente a diferentes desinfectantes

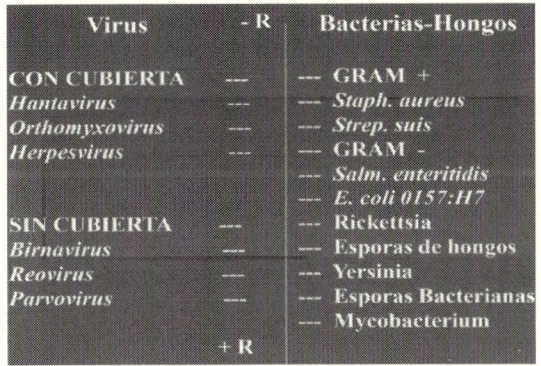

Para controlar estos patógenos es necesario realizar diferentes planes, programas, procedimientos, Elementos y Barreras Orientadas a disminuir el riesgo de exposición a un agente infeccioso, todas estas actividades son llamadas bioproteccion en algunos casos, para controlar los microorganismos en los alimentos se acude al principio de obstáculos, donde se emplean diferentes barreras, como aplicación de ácidos, sal, etc.

"El elemento básico de la bioseguridad es el cumplimiento estricto de unas prácticas de trabajo y técnicas microbiológicas adecuadas. Las personas que trabajan con agentes infecciosos o materiales potencialmente infectados han de conocer los posibles riesgos y han de estar capacitados en las prácticas y técnicas requeridas para manipular dichos materiales de forma segura".

BASES QUÍMICAS DESINFECTANTES

- QUATS
- ALDEHÍDOS
- QUATS + ALDH.
- QUATS + ALC.
- FENOLES SINT.
- CLORO
- IODO
- PERÓXIDOS GR.
- FENOLES NAT. (HBTA)
- AC. ORGÁNICOS
- DIÓXIDO DE Cl
- OZONO

En el siguiente recuadro podemos apreciar los diferentes errores más comunes durante la aplicación de los procedimientos de limpieza y desinfección

- Ppm inadecuados (2)
- Materia Orgánica
- Espectro de acción
- Tipo de superficie a desinfectar
- Luz solar
- Tiempo de acción
- Alteración del pH
- Tº ambiente o de la solución
- Sistema de aplicación
- Puntos ciegos
- Epizootiología
- Etc.

También se observan errores con los ppm/lt solución: error en la dosificación del desinfectante. Así como ppm/m2: error en la aplicación de la solución desinfectante.

Efecto de luz solar, materia orgánica y temperatura sobre los desinfectantes

- Luz solar: CLORO y el YODO
- Bajas Temperaturas: FORMALINA Y GLUTARALDEHÍDOS.
- Materia orgánica: A. CUATERNARIOS, YODO Y CLORO.

Evaluación de un programa de limpieza y desinfección

Bacterias viables/cm2, según efectividad del lavado:

- RT Post Destete 50.000.000
- RT Lavado c/agua 20.000.000
- RT lavado c/detergente 100.000
- RT (agua+det.) + desinfec. 1.000

Características de un buen desinfectante:

- Acción PROBADA contra patógenos específicos que afectan a la especie animal involucrada (Validada).
- Aplicación según el tipo de superficie a desinfectar (cc solución/unidad de superficie).
- Concentración de los ingredientes activos
- Formulación del producto.
- Metodología para medir la concentración de ingrediente activo.
- Efecto residual.
- Test VALIDADOS de Impacto Ambiental y Seguridad al Usuario (64-00 / ISO 14000).
- Hojas de seguridad completas
- Grado alimenticio
- Colorantes autorizados por el CODEX ALIMENTARIUS
- Información de Registro de uso de Medicamentos, productos, etc., Sanidad Animal, SEA y Saneamiento, SESPAS de países importadores frente a patógenos específicos

La desinfección debe ser complementada con desinsectación, desratización y control sanitario.

Los objetivos de la desinfección son: a. Reducir los microorganismos patógenos. b. Reducir las pérdidas de las explotaciones reduciendo la aparición de enfermedades (morbilidad/mortalidad) y bajadas de producción consecuencia de la misma. c. Reducir los costes en medicamentos. d. Controlar la fauna microbiana manteniendo las tasas de gérmenes dentro de los límites habituales que de forma natural encontramos en el ambiente y los animales. e. Proporcionar bienestar al animal. f. Producir alimentos seguros.

La desinfección debe realizarse tras una buena limpieza y tras el secado de la superficie, aunque no resulta conveniente que pasen más de 24 horas entre limpieza y desinfección. El objetivo es eliminar al máximo los microorganismos que todavía quedan tras la limpieza. Durante la desinfección se produce una reacción química entre los microorganismos (agentes patógenos) y el producto desinfectante. Para ello es necesario que entren en contacto el desinfectante y el microorganismo. Si hay materia orgánica, ésta protege a los microorganismos por lo que la acción del desinfectante se verá notablemente reducida o inactivada.

La forma de aplicar los desinfectantes (generalmente se aplican en estado líquido): en el caso de utensilios, equipos, herramientas, y otros puede ser por Inmersión: sumergir el objeto a tratar en solución desinfectante durante un tiempo de contacto establecido en la ficha de seguridad y a la dosis recomendada en la ficha. Se utiliza para objetos de reducido tamaño. Otra forma es utilizando un paño o suape o mapo, que se va introduciendo en una cubeta y aplicándolo al suelo o rociando el suelo y distribuyéndolo con el suape. Otra forma es por pulverización o nebulización o aspersión en las paredes, pisos, equipos, mesas, maquinarias, utensilios, etc. Esta forma es la más recomendada da, pues se agiliza más el trabajo, hay mayor distribución y sobre todo es más económica su aplicación, además del menos riesgo para el personal que siempre debe llevar puesto su equipo de protección personal: guantes, mascarillas, gorros, casco, botas impermeables, batas, lentes, etc. Y cumplir los procedimientos de no comer, beber o fumar durante realice estas actividades e inmediatamente termine cambiar las ropas, ducharse y descansar.

La desinfección debe llegar hasta los vehículos y persona que ingresen a las instalaciones, por lo que se deben colocar rodiluvios y pediluvios, donde sean necesarios con los desinfectantes apropiados: renovar con frecuencia las soluciones para que sean realmente eficaces (si hay materia orgánica el desinfectante pierde su eficacia). No es recomendable usar cloro en estos lugares por su fácil degradación ante la materia orgánica y las altas temperaturas. La desinfección en presencia de animales es posible con productos no tóxicos que se añaden en las camas con un doble efecto: secante y algo desinfectante. Por ejemplo, el Superfosfato de cal en dosis de 200 gramos/cm2.

Una práctica obligatoria es aplicar el triple lavado, que permita aprovechar toda la cantidad del desinfectante y los detergentes además de evitar intoxicaciones a animales y personas por el reusó de los envases vacíos, o contaminación al medio ambiente.

5. El medio ambiente y el impacto de los detergentes y desinfectantes

La gravedad de todos los productos químicos es su degradación en el suelo, su efecto residual y el riesgo de una contaminación con estos a los humanos, animales y plantas. Por lo que debemos tomar en serio el uso de cada uno de estos productos. Por qué la vida es algo muy serio y está por encima de cualquier interés particular o colectivo.

Siempre se debe proporcionar al personal los implementos necesarios para proteger su integridad personal (ropa, botas, gorros, guantes, mangas, etc.), Instale, un botiquín bien dotado para prestar los primeros auxilios.

Todos los desechos biológicos, ya sean líquidos o sólidos, tienen que ser descontaminados antes de su eliminación y se seguirán las normas existentes sobre la gestión de residuos contenidos en las reglamentaciones referentes a residuos sanitarios.

Siempre que sea posible se deben Reutilizar o reusar: Aprovechamiento de los residuos sin que sufran ningún proceso de transformación para ello. O reciclaje: Aprovechamiento de los residuos sometiéndolos a un proceso de transformación para su conversión a nuevos productos o materias primas. Estas son buenas practicas, además que protegen el medio ambiente.

6. Datos estadísticos sobre las ETAs, que pueden cambiar solo con el cambio de nuestras conductas.

- Cada año, las enfermedades de transmisión alimentaria afectan a casi 1 de cada 10 personas a pesar de ser prevenibles.
- Cada año 77 millones de personas enferman y más de 9.000 mueren en las Américas a causa de enfermedades de transmisión alimentaria. Las enfermedades diarreicas representan el 95% de las enfermedades de transmisión alimentaria en la región.
- en nuestro país, Republica Dominicana, se estima que 1 de cada 6 personas sufre de al menos una ETAs, al año.

- Según los Institutos Nacionales de Salud de Estados Unidos, casi el 16% de todas las muertes en todo el mundo pueden atribuirse a enfermedades infecciosas, y las zoonóticas representan el 60% de las enfermedades infecciosas conocidas y el 75% de las emergentes.
- Brotes de etas por carne y lácteos 1990-2003. CDC.

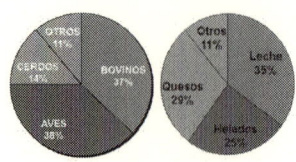

Productos asociados con el 76 % de los brotes, 1998 -2006. CDC

PRODUCTOS	PORCENTAJE BROTES
Lechugas/Espinacas/Hortalizas de hoja	30
Tomates	17
Melón Cantaloupe	13
Hierbas (albahaca, perejil)	11
Cebollitas verdes	5

7. Recomendaciones

- Conviene realizar el triple lavado y reciclaje de los envases o recipientes utilizados en la producción agropecuaria, para evitar contaminaciones a poblaciones humanas, animales, cultivos, agua y daños al medio ambiente. Esta medida ayuda a reducir la elevada presencia de plástico en el medio ambiente, que esta exterminando la fauna, flora y contaminando las aguas, hecho mismo que va a limitar la vida en el planeta.
- Potabilización y controles del agua de lavado para los productos y de consumo humano
- Análisis químico y biológico periódicos al agua para uso agrícola y pecuario
- Estas medidas, con vigilancia y monitoreo ayudaran a disminuir las enfermedades y a tener un ambiente más saludable y apropiado para la vida en el planeta.

- Es conveniente nunca agregar cloro para desinfección a un agua cuando esta se encuentra turbia. se recomienda evaluar esta y el grado de dureza de la misma, antes de aplicar el cloro.
- Al aplicar un tratamiento térmico, debería prestarse la debida atención a las combinaciones de tiempo y temperatura, para garantizar su adecuada pasteurización.
- Deberá existir un programa de lucha contra insectos y roedores que se pondrá en práctica.
- Todo el personal se debe lavar las manos después de haber manipulado material o animales infecciosos
- La CDC y la OMS consideran que una higiene de las manos inadecuada o no realizada es uno de los factores más importantes que contribuyen en el desarrollo de infecciones; especialmente de Las infecciones asociadas a la asistencia sanitaria.
- La orientación de los galpones o granjas, fincas e instalaciones, son vitales para evitar contaminación cruzadas, por los vientos e inundaciones. Un inadecuado diagrama de flujo es un punto crítico que permite o facilita la entrada y propagación de los patógenos en las instalaciones.
- Establecer un programa de limpieza y desinfección todos dentro todos fuera es ideal, para garantizar la bioseguridad en la empresa pecuarias.
- Para el uso de cualquier producto químico debe leer correctamente la ficha técnica y consultar al técnico oficial correspondiente de la zona.
- Jamás, use lo que no conoces, puede dañar su salud y la de las personas que le rodea o los animales.
- Nunca oler directamente los frascos, si por alguna razón tiene que hacerlo, hágalo desde la tapa, sin contenido.
- Lave y desinfecte sus manos después de cualquier acción, actividad o uso de productos, tocar los animales, el suelo, o agua contaminada. Las zoonosis se pueden transmitir por esta mala práctica.

El objetivo principal de la aplicación de los programas y métodos de prevención o bioseguridad es garantizar una producción Más Limpia, esta se define de la siguiente forma: "aplicación continua de una estrategia integrada de prevención a los procesos, productos y servicios, para aumentar la eficiencia y reducir los riesgos a la vida humana, animales y al medio ambiente"

Esta producción limpia incluye y va en combinación con la prevención y la bioseguridad: La puesta en práctica de una estrategia ambiental preventiva. La conservación de materias primas, agua y energía. La eliminación de los materiales tóxicos. La reducción de la cantidad y toxicidad de todas las emisiones y residuos antes de que se concluya el proceso productivo

Así como la constante aplicación de conocimientos, mejoramiento de la tecnología y cambio de actitudes.

La dinámica de crecimiento, desarrollo y mejora de la calidad e inocuidad de los productos finales de toda explotación ganadera o de producción, manejo y acondicionamiento de alimentos agropecuarios, es garantizar la salud de los consumidores, el medio ambiente y la vida del personal.

Para lograr esto debe haber siempre el control sistemático del cumplimiento del plan de acción establecido. Evaluación de los beneficios obtenidos por su implementación. Análisis de los objetivos y metas propuestas. Evaluación de la contribución al mejoramiento del desempeño en cada una de las actividades o procesos de la empresa.

Debemos tener claro que lo que hagamos o dejemos de hacer en nuestra empresa, puesto de trabajo recae sobre algún sector de la sociedad, o persona o grupos de personas, animales o el medio ambiente que es nuestra gran casa y debemos proteger siempre. Todos somos responsables y vulnerables ante el daño ambiental.

"Cada persona es responsable de su propia seguridad y la de sus compañeros."

Instituto Nacional de Salud de España.

Al final lo que deseamos es consumir un alimento Inocuo.

"Que no nos enferme, ni nos mate" frase del autor.

8. Registro y documentación

Las buenas practicas establecen que ninguna actividad, por bien hecha que fuere realizada, no da fe de ella, por lo que se debe registrar conforme, en los registros y documentar según el procedimiento o manual de control de calidad e inocuidad de la empresa.

Un registro es un formulario que contiene las filas y columnas con su encabezado, correspondiente a las actividades realizada, fecha resultado, observaciones y firma de operario y responsable o supervisor del área, o encargado de la empresa o explotación.

La información se convierte en una magnifica herramienta que le permite al empresario diagnosticar su situación actual, conocer volúmenes de producción, limitantes y establecer el monto estimado de las inversiones y el margen de rentabilidad de la finca. los registros.

Definición: "Un documento que provee de evidencia objetiva de las actividades ejecutadas o resultados obtenidos".

Deben ser diseñados de acuerdo a las necesidades y llevados de forma programada
- o Llevados al día (actualizado)
- o Llenados en sitio
- o Legibles
- o Accesible al responsable
- o Con los iniciales o la firma del responsable de llevarlo
- o Revisados por un supervisor
- o Específicas para una actividad

Estos tienen como garantía que
- o Da fé de lo que se hizo
- o Se puede analizar lo que ocurrió en el proceso
- o Queda un historial del tratamiento recibido por el producto
- o Se lleva un mejor control del proceso
- o Ayuda a controlar costos de producción

Conviene que sean

- o Revisados diariamente o periódicamente por el supervisor
- o Dependiendo de la frecuencia de las actividades deben ser analizados antes de llevarse el producto al centro de acopio
- o Analizar si se encuentran situaciones anormales y buscar soluciones
- o Guardarlos por 2 años
- o Poder mostrarlos en el momento de una auditoría externa

Los formularios, lista o encuestas son herramientas que permiten el uso de todas las técnicas para recolectar la información y elaborar los registros, entre ellas la observación es una de las técnicas usada con, más frecuencia, para recolectar datos que luego serán procesados y convertidos en información a través de

Modelo de registro para toma de muestra de producto o insumo.

FECHA	LUGAR /TOMA MUESTRA	RESULTADOS	OBSERVACIONES	FIRMA ENCARGADO

Modelo de registro para control de fuentes de agua

ORIGEN DEL AGUA	AGUA DE RIEGO	AGUA PARA APLICACIÓN DE PLAGUICIDAS FOLIARES	AGUA PARA LAVAR MANOS	AGUA PARA TOMAR	FECHAS DE ANALISIS DE AGUA (Anexe copia)
PRESA					Microbiológicos _____
POZO Cubierto ☐ Sin cubrir ☐					
ESTANQUE O DEPOSITO					Metales pesados _____
AGUAS TRATADAS O GRISES					
MANANTIAL					
DESCRIBA ACCIONES CORRECTIVAS AL AGUA	SANEADOR:		DOSIS:	FRECUENCIA:	
RIESGOS POTENCIALES DE TERRENOS COLINDANTES	AL NORTE:	AL SUR	AL ESTE	AL OESTE	
INDIQUE SISTEMA DE RIEGO	Rodado o Gravedad: ☐ Aspersión: ☐	GOTEO: Superficial ☐ Enterrado ☐		Otro ☐	

Formulario para registro de aplicaciones de insumos o productos

FECHA	PRODUCTO APLICADO Y LOTE	DOSIS/HA RECOMENDADA	DOSIS/HA APLICADA	DIAS A COSECHA	CATEGORIA TOXICOLOGICA	TIPO DE ASPERSORA	RESPONSABLE

Formulario para mantenimiento y lavado de equipos de aplicación

FECHA	TIPO DE EQUIPO	BOQUILLAS		MANGUERAS		PRESION (PSI)	BOMBA		LAVADO		FIRMA DEL RESPONSABLE
		Revisó	Cambió	Revisó	Cambió		Revisó	Corrigió	Si	No	

Modelo de registro de control y entrada de producto en el almacén

TIPO DEL PRODUCTO	NOMBRE PRODUCTO	FECHA DE INGRESO	FECHA CADUCIDAD	TOXICIDAD	FIRMA ENCARGADO

Modelo de formulario para el control y uso de instalaciones sanitaria y la calidad del agua del personal

Fecha	No. de Empleados		No, de Sanitarios	Clave de Identificación	Estado de Limpieza			Lavadero de Manos		Papel		Depósito de Agua p/tomar		Vasos Individuales		Observaciones
	H	M			B	R	M	Agua	Jabón	Si	No	Lavó	Cambió	Si	No	

Modelo de formulario para el registro de las capacitaciones y formularios del personal

FECHA	CUADRILLA		NUMERO DE TRABAJADORES	PARCELA O SECCION	ACTIVIDAD
	NUMERO	RESPONSABLE			

Modelo de registro para el control de salud del personal

NOMBRE DEL PERSONAL	FECHA DE OTORGAMIENTO	FECHA DE VENCIMIENTO

	Supervisor del área		DR. CARLOS ARIEL CASTILLO		Enc. De Produc
Elaboró	Fecha / Firma	Revisó	Fecha / Firma	Aprobó	Fecha / Firma

Modelo de registros para el control sanitario de los animales

Fecha	# animal	Producto veterinario	Dosis	Periodo de Retiro	Veterinario que prescribe (cuando aplica)	Resultado	Responsable

Modelos de registros para el control de plagas

FECHA	NO. DE TRAMPAS	HALLAZGOS	RATICIDA USADO	OBSERVACIONES	FIRMA DEL RESPONSABLE

Modelo de registro para control de desinfectante

Fecha	Lecturas		Acción conectiva	Responsable
	HORA	PPM		

Modelo de registro para control de roedores

Fecha	Hora	# Estación	Condición	Hallazgo	Inicio

9. Fuentes consultadas

- https://www.who.int/foodsafety/areas_work/foodborne-diseases/ferg_infographics/es/
- https://www.atsdr.cdc.gov/es/
- https://www.consumer.es/seguridad-alimentaria/principales-brotes-de-intoxicacion-alimentaria.html
- https://www.asoaeas.com/sites/default/files/Documentos/AEAS.%20Manual%20de%20la%20Cloracion.pdf
- http://www.aquaquimi.com/Paginas/Trat_agua_pot/Desinfeccion%20agua/agua%20potable%20cloro.html
- https://www.who.int/water_sanitation_health/publications/gdwq-4-cap8-spa.pdf?ua=1
- http://www.fao.org/tempref/codex/Meetings/CCFFP/ccffp24/fp00_13s.pdf
- https://www.paho.org/hq/index.php?option=com_content&view=article&id=10822:2015-establecimiento-mantenimiento-limpieza-desinfeccion&Itemid=42210&lang=es
- https://www.paho.org/hq/dmdocuments/2015/2015-cha-estim-oms-carga-mundial-transm-alimen.pdf
- https://www.paho.org/hq/index.php?option=com_content&view=article&id=10433:educacion-inocuidad-alimentos-glosario-terminos-inocuidad-de-alimentos&Itemid=41278&lang=es
- http://www.fao.org/3/i1111s/i1111s01.pdf.
- https://www.who.int/antimicrobial-resistance/global-action-plan/infection-prevention-control/es/
- https://www.uib.es/digitalAssets/517/517496_classe-tema-1a-toni.pdf
- file:///D:/DOCUM%20VIEJA%20PC%20ARIEL/DOCUM%20VIEJA%20PC%20ARIEL/ariel/BIOSEGURIDAD/BIOSEGURIDAD%20EN%20GRANJAS.pdf
- https://bioseguridad.net/higienizante/en-busca-del-detergente-ideal-hypred/

Made in United States
Orlando, FL
21 July 2023

35291239R00019